甜蜜诱惑
纯天然美味冰品DIY

【韩】 金甫宣 著

朱佳青 译

U0342315

中国水利水电出版社
www.waterpub.com.cn

为大家介绍DIY健康刨冰！

用诚意及经验做出更美味的刨冰！

夏天已至。以前的6月仍给人初夏的感觉，而如今的6月，气温却已经飙升到了30℃。四季中我唯独很怕夏天，不仅因为夏天热得厉害，让人挥汗如雨，甚至食欲也变差，什么都不想吃，真是让人觉得烦躁的季节。

但即便如此，提到"夏天"，仍然还有一样东西能让我开心，就是"刨冰"。在冰块上淋上一些炼乳，或是放上甜甜的红豆和Q弹的糯米糕，吃上这样一碗刨冰，就好像吃了菠菜的大力水手一样，瞬间全身有了力气，恢复了精神。

所以在我小时候，只要到了夏天，母亲就会准备好充足的红豆放在冰箱里，以让我随时都可以吃到刨冰。所以每当我想吃刨冰的时候，冰箱里贮存的水果、果酱，抑或米糕等能制作成多种多样刨冰的材料，激发了我研究在刨冰里放什么材料会更好吃，哪些材料放在一起才最合适的好奇心。在这样的研究里，我也发现了刨冰装饰配料以外的其他组合。不知道是不是因为有过这样的经历，市面上那些刨冰，要么就是只追求甜味，倒了一大罐甜红豆，要么就是淋上那些放了不少人工香料的糖浆，丝毫不能引起我的食欲。与其买这种刨冰吃，我更喜欢在家里自制刨冰。

幸运的是，某一天出版刨冰书籍的机会找上门来。其实我也这样想过，"刨冰能有什么特别的？就放一些以前吃过的喜欢的材料在上面，然后再放上适合搭配在一起的材料作为装饰配料不就行了"。但是在制定这些食谱的过程中，一些我想要尝试的新品种刨冰渐渐浮现在我脑海里。

2

我搜索过人气咖啡店的刨冰，也思考过怎么做才可以在家里些制作出最佳口味，需要考虑的问题也就慢慢多了起来。为了完成能让读者们轻松学会的刨冰制法，并创作出美味的食谱，我也做了一些尝试。比如基本的红豆煮法就有好几种，制作出来后，还要对比韩国产红豆与进口红豆的口感差异。

　　制作出多种装饰配料和糖浆，再做成刨冰试吃后，我发现就算是同样的装饰配料，和冰块装在不同的盘子里口味也完全不同。就算做出了非常好吃的糖浆或是装饰配料，如果放在冰块上就这么融化了，也很容易变成淡而无味的刨冰。为了能保持最后一口的味道都不会变，我对浓度的调节和让冰块融化速度变慢的方法也进行了研究。这些经验我毫无保留地在书里进行了介绍。

　　并且，本书也尽量做到可以让读者在家里自制一些平时不容易吃到的口味的冰淇淋和糖浆，尽可能使用天然无公害的材料，即使小朋友吃也不用担心健康问题。也收录了用各种鸡尾酒材料或果酱来制作的、适合成人口味的有意思的刨冰食谱。

　　在了解了一些市面上销售的著名刨冰食谱的秘诀以后，就不觉得编写特别难了。这秘诀就是毫无保留地加入优质的材料来制作刨冰。在家将干净的冰块搅碎，加上自己喜欢的材料作为装饰配料，这就是真正的最棒的刨冰。

金甫宣

目录

须知

◆ 制作分量参考咖啡店出售的1碗刨冰的分量，适合2人吃。但，19禁刨冰的分量较其他种类刨冰的分量略少。

◆ 材料用冰块参考家用四角冰格制作出的冰块为准。一般一杯半水可以制作22块冰块。这是食谱中冰块的分量。

◆ 本书中所使用的计量单位，1大匙指1饭勺，1小匙指1小茶匙，1杯指纸杯1杯。

◆ 红豆及糯米丸子的制作方法参考P8的制作方法。

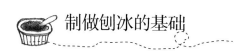 制做刨冰的基础

红豆的基本煮法

材料
（以6碗量为准）
红豆 225g(约 1+⅔杯)
白砂糖 185g(约 1杯+2大匙)
糖稀 3大匙
盐少许

01
选择红豆并煮开
将破碎的红豆挑出，剩余红豆洗净放入锅中。然后放入约等于红豆分量2倍的水，要保证红豆完全浸没。

02
加水煮熟
水开后，再放入½杯水继续蒸煮，重复两次。

03
将煮熟的红豆漂净
将02步骤完成后锅中的水倒掉，红豆放入清水漂洗。

04
再次蒸煮红豆
再次将红豆放入锅中，加入约等于红豆分量5~6倍的清水，大火蒸煮。

美味POINT

◆ 煮红豆时，不必提前浸泡红豆，提前浸泡在水里的红豆与没有提前浸泡过的相比，煮熟所需时间没有较大差异；反而是提前经过浸泡处理的红豆在蒸煮过程中易破碎，且出锅后容易堆积在一起。

◆ 煮红豆时，尽量选用底座较厚的锅或者是金属铸件锅。由于这样的锅受热均匀，减少了红豆被烧焦黏在锅底的风险。红豆即将煮熟时，稍掀开一点锅盖继续蒸煮，以便更快煮熟；如若完全密封蒸煮，则需留意避免蒸煮过度。

◆ 如选择在红豆煮熟前放入白砂糖，由于渗透压作用原理，红豆中的水分易流失，使红豆质地变硬。因此，必须在红豆被完全煮熟至软糯时，才可以倒出水，加入白砂糖。

◆ 红豆在放凉过程中的浓度较蒸煮过程中的高，因此需在浓度适合个人口味之前一些时候关火放凉。最后加入糖稀，以提高光泽度。

05

撇去泡沫蒸煮
蒸煮过程中，需不时调小火，一边搅拌一边蒸煮，同时注意撇去表面产生的泡沫。

06

慢火蒸煮
蒸煮过程中，如水量减少，则需及时加水，并用中水火蒸煮约1小时30分钟。红豆被完全煮至软糯时，留约1杯水的分量在锅中，多余水分倒掉。

07

加入白砂糖小火慢煮
在06步骤完成后，加入白砂糖，再次开小火，一边蒸煮一边用铲子搅拌。

08

加入盐及糖稀
加入少许盐后继续蒸煮。当水减少到刚好浸没红豆时，加入糖稀，搅匀后关火放凉。

糯米丸子制作法

材料
（以15个丸子的量为准）
糯米粉1杯
盐少许
热水 $\frac{1}{2}$~$1\frac{1}{3}$杯

01

揉搓米粉
在糯米粉中加入少许盐，搅匀后，分多次少量加入准备好的热水，将糯米粉揉成面团。当面团软硬度同耳垂的软硬度相似时即可。

01-①

01-②

01-③

02

将面团捏成丸子模样
将面团揉至长条形后，捏成若干个一口大小的面团，并揉搓至圆形。

03

煮丸子
在沸水中倒入02步骤
准备好的小丸子，
煮熟。

04

将煮熟的丸子放入
冷水中放凉
当丸子蒸煮至漂浮在
水面上时，捞出放入
冰水或者冷水中漂净
放凉。

◆ 使用发好的糯米直接舂捣出的生糯米粉时，水量须适当减少。

◆ 使用市场上出售的糯米粉时，应确保100%为糯米粉。不同米粉的含水量不同，且根据季节、天气的差异，面团的状态也会不同，因此用水量也应视情况加减。

◆ 减少糯米粉的分量，加入艾草粉或者甜南瓜粉，则可以做出富有弹性的丸子；如果用蔬菜或者水果榨出的汁代替水来和面，就可以做出五颜六色的丸子了。

◆ 剩余的丸子面团可以放入塑料食品袋中密封，并放置于冷冻室贮存，需要时解冻即可。

PLUS
+
TIP

准备糯米糕

从糕点店购买不沾豆蓉粉的糯米糕。如果糯米糕还很柔软，便于吞咽，则即刻切成小块，放入刨冰中。剩余的糯米糕则在尚且柔软的状态下，切成小厚块，放入塑料食品袋中密封，并存放于冷冻室中，需要时取出自然解冻食用即可。将糯米糕直接放在刨冰上吃的时候，混入由炒豆粉、白砂糖和盐制成的豆蓉粉或者绿豆粉后，再放在刨冰上吃，也很有滋味。

其他适合搭配刨冰的糕

选用搭配刨冰的糕时，适合选用年糕、豆糕或糯米糕。这些糕即使放在冰凉的刨冰中，也不会变硬，可以保持Q弹的口感，比起切糕、发糕、蒸糕等粳米制成的糕更适合与刨冰搭配一起食用。

制作美味刨冰的11个基本原则

01

制作多种口味的冰淇淋

没有必要特意去制作有鲜奶油、鸡蛋等多种材料的手制冰淇淋。在市面上能买到的香草味冰淇淋中，加入个人喜欢的水果，或者增加浓稠度的糖稀，抑或是将干果及饼干等掰碎了加到冰淇淋中，搅拌后放冰箱冷藏，也同样可以简单方便地制成各种不同风味的冰淇淋。制作红茶或者咖啡冰淇淋时，与其在水里泡，不如加入牛奶或者鲜奶油，调制得浓稠一些，这样制作成冰淇淋，品尝时不会嘎吱嘎吱，而是口感柔软。

02

选择牛奶?还不如选择放炼乳、冰淇淋或者椰乳等

由于刨冰是搅碎的冰块，必然会越吃口味越淡。如果加入牛奶，只会加速冰块融化，口味也会因被稀释变淡。因此，与其加入牛奶，不如选择味甜且浓烈的炼乳或者香草冰淇淋来替代。由于加糖椰乳浓稠且味甜，用来替代炼乳，也是个不错的选择。

03

糖浆或者装饰配料可以增加甜度

由于刨冰是冰凉的碎冰块，会让人无法品尝出实际的味道，感受到的甜度也会比实际甜度要淡许多。并且冰块在融化时也会稀释味道浓厚的糖浆。所以在制作糖浆以及配在刨冰顶部的配料时，要考虑到之后冰块的融化，要让刨冰口味更加浓厚，可多放些糖。

04

活用多种冰块

可以根据顶部装饰配料活用各种水、果汁或者茶等，冷冻后制成冰块再制作成刨冰。既可以防止刨冰融化后口味变淡，也可以制作出口味更加丰富的刨冰。

05

活用各种果脯及果酱

一起在刨冰中活用这些用来泡茶喝的梅子果脯、五味子果脯，或是葡萄柚果酱、柠檬果酱吧。这些果脯及果酱，放在刨冰顶上食用，也是个不错的搭配。在大热天里，用果脯及果酱装点的刨冰做成清爽的冰泥也很棒。

07

预先炒制用于装饰配料中的干果

干果在无油煎锅中稍稍炒制后，香脆可口，放在刨冰中风味尤佳。预先炒制放凉够几次使用的干果，装进密封容器后，放进冰箱冷藏。

06

预先做好糖浆或者装饰配料放在冰箱冷藏

因为是放置在冰块上的材料，现做的糖浆一定要放凉了才能用，尽可能使用预先准备好放在冰箱冷藏的材料。但在制作刨冰之前，应先从冰箱中拿出巧克力糖浆或炼乳这类较稠且容易在低温中凝固的材料。

08

用粗盐擦洗橙子、柠檬及葡萄柚等，并在热水中漂净

大部分进口橙子、柠檬及葡萄柚等，表面都很可能残留农药或者防腐剂。用粗盐或者烘焙苏打在果蔬表面揉搓后，在热水中漂净，这样可以去除大部分有害成分。

09

硬度不大的牛奶或水果冰块可以用搅拌棒或搅拌机来搅碎

用牛奶或者水果制成的冰块比一般冰块硬度低，可以选用一般的搅拌机或者切碎机来替代刨冰机进行搅碎。冰块硬度低也就决定了融化速度比一般冰块更快，如果搅碎时间过长则会导致完全融化，要在保留冰块粒子的基础上搅拌得粗一些。

10

搅碎非一般冰块的其他冰块后，要立刻清洗刨冰机

如果不立刻清洗刨冰机，剩余的粘稠成分易引来蚂蚁或其他虫子，且容易粘灰。在大暑天里，刨冰机上的残留物容易腐败变质，散发气味。因此，在搅碎由牛奶、水果或者饮料制成的冰块后，要立即清洗。

11

煮食及糖浆等应该在滚烫时放在玻璃器皿中倒置

各种煮食及糖浆等应该在滚烫时放入玻璃器皿中，盖上盖子后倒置。这样可保持真空状态，比放在一般密闭容器中保存的时间更长。

刨冰　11

令人怀想的味道
基本款刨冰

本部分收录儿时的味道——点心店的红豆刨冰到最近流行的高级咖啡厅里的咖啡刨冰、绿茶刨冰的制法。一起来学习超越时光，不断吸引人们味蕾的基本款刨冰的制作方法吧。因为是历经岁月考验的刨冰，制作失败的概率较低。如果是刨冰初学者，从这几款刨冰入手学习会比较容易上手。

传统红豆刨冰

材料

牛奶 $1\frac{1}{2}$杯, 炼乳 3大匙, 红豆 6大匙, 糯米糕适量

01
在冰格里制作
牛奶冰块

02
在碎冰中淋上
炼乳

03
放上红豆

04
放上糯米糕

制作

01 制作牛奶冰块
将牛奶倒入冰格中, 制成牛奶冰块。

02 在碎冰上淋上炼乳
将牛奶冰块搅碎, 搅碎过程中加入炼乳, 装碗。

03 制作顶部装饰配料
将准备好的红豆以及使味道变得更好的糯米糕盖在碎
冰上。

◀ 美味POINT
炼乳最好不要等冰块都搅碎之后加入,
应该一边搅碎一边添加, 这样吃到一半
的时候, 刨冰不会变稀, 口味也不会变
淡。用一般冰块替代牛奶冰块制作时,
应该加入更多量的炼乳。

点心店红豆刨冰

材料

冰块 22个，谷物零食 1½大匙，橙子、猕猴桃各 ½个，圆形片状菠萝1块，炼乳、红豆各5大匙，炒米粉1小匙，糯米糕适量

制作

01 切水果
① 剥去橙皮，横向切成一口大小的块状。
② 菠萝的切法同橙子。
③ 剥去猕猴桃的果皮，纵向对半切开，切成长条后，再切成一口大小的块状。

02 在碎冰上淋上炼乳
一边搅碎牛奶冰块，一边淋上炼乳，装碗。

03 放上红豆
放上大量红豆。

04 将剩余材料放在顶部
将谷物零食、水果以及美味的糯米糕放在顶部。再撒上炒米粉。

01
将水果切成一口大小

02
在碎冰中淋上炼乳

03
放上红豆

04
放上谷物零食、水果及糯米糕

05
撒上炒米粉

> **美味POINT**
>
> 本款刨冰由于有多种水果，口味酸爽，要加入大量炼乳才好吃。或者减少一些炼乳，用香草味冰淇淋代替也好吃。用和了白砂糖和盐的豆蓉粉代替炒米粉撒在撒上面也很不错。

绿茶刨冰

材料
冰块 22个，绿茶糖浆 ½杯，糯米丸子、红豆各适量
绿茶糖浆：水⅔杯，白砂糖5大匙，绿茶粉2大匙（约16g）
◆绿茶糖浆的分量约为2碗刨冰所需量。

01 - 1 制作白砂糖 糖浆	
01 - 2 混合到 绿茶粉中	
02 将糖浆放在 碎冰上	
03 放置装饰配料	

制作

01 制作绿茶糖浆
① 在锅中加水煮沸，再放入白砂糖，一边用锅铲搅拌使白砂糖融化。当白砂糖完全融化后，关火放凉。
② 在碗中加入绿茶粉，将步骤①中制作的糖浆加入少许，搅拌均匀。

02 将糖浆放在碎冰上
将冰块搅碎后装碗，倒上绿茶糖浆。

03 放装饰配料
将糯米丸子和红豆放在最上面。

> **美味POINT**
>
> 绿茶粉泡进热水后非常容易变色且味道苦涩，所以要先将白砂糖糖浆放凉后再混合成绿茶糖浆。比起直接将绿茶粉倒在糖浆里，不如一边少量地倒入绿茶粉，一边搅拌，这样不容易结块并均匀融化。如果不太习惯绿茶糖浆特有的苦味，可以再放些炼乳或者是冰淇淋一起食用。

草莓刨冰

新鲜水果炼乳刨冰

草莓刨冰

材料
冰块 22个，草莓 15颗，炼乳 8大匙
鲜草莓糖浆：草莓7颗，白砂糖 ¾大匙

01-1
择草莓、
切草莓

01-2
在草莓中加入
白砂糖，
碾成糖浆

03
在碎冰上
淋糖浆

04
淋上一半炼乳

04
放上草莓，淋
上剩余一半
炼乳

制作

01 制作鲜草莓糖浆
　① 摘去草莓蒂，切大块。
　② 在草莓中加入白砂糖，用混合器搅拌。
02 切草莓
　小草莓不用切，大草莓对半切备用。
03 在碎冰上淋糖浆
　冰块搅碎后，将其中一半装碗，淋上鲜草莓糖浆后，再放上剩余碎冰。
04 按炼乳–草莓–炼乳的顺序摆放
　淋上4大匙炼乳后，将切好的草莓放上，最后再淋上4大匙炼乳。

美味POINT

在碎冰中夹一层由鲜草莓搅碎形成的糖浆，可以使刨冰吃到最后时依然有草莓味。在制作鲜草莓糖浆时，若放入液体低聚糖或龙舌兰糖浆，糖浆会整体变稀，量变多，所以加入白砂糖会较好。由于鲜草莓的酸味较重，要放入大量炼乳才好吃。根据个人口味，加入香草冰淇淋、原味酸奶或者红豆一起食用，风味尤佳。

新鲜水果炼乳刨冰

材料
炼乳冰块：炼乳、牛奶、水各$\frac{1}{2}$杯
甜瓜$\frac{1}{10}$块，西瓜$\frac{3}{4}$杯 分量，香蕉1个，炼乳2~3大匙

制作

01 制作炼乳冰块
　① 在水中加入炼乳及牛奶，搅拌，使炼乳融化。
　② 将①中的材料放入冰格制成炼乳冰块。

02 切水果
　将甜瓜的果皮及果核去除后切成一口大小，将西瓜切
　成边长为1.5cm的方块形状，将香蕉切厚片。

03 在碎冰上淋上炼乳
　搅碎炼乳冰块，装碗后淋上一半炼乳。

04 放上水果，淋上剩余一半炼乳
　将切好的水果放在碎冰上，再淋上剩余一半炼乳。

 美味POINT

炼乳冰块比一般冰块融化速度快，应冰冻
5~6小时以上，充分冻硬后再进行搅碎制
作。用其他水果，如猕猴桃、橙子、草莓
等口味较酸的水果来制作时，应放入更多
炼乳，才不会突出酸味，整体口味适中。

01-1
在水中加入炼
乳及牛奶

01-2
在冰格中制成
炼乳冰块

02
择水果并切好

04
放上水果，
淋上炼乳

浓缩咖啡刨冰

奶茶刨冰

浓缩咖啡刨冰

材料
浓缩咖啡冰块：浓缩咖啡、水各 $\frac{3}{4}$ 杯，白砂糖 $2\frac{1}{2}$ 大匙
香草冰淇淋 $1\frac{1}{2}$ 球
碎核桃果仁、杏仁薄片各1大匙，冰浓缩咖啡 $\frac{1}{2}$ 杯

01- 2
制作浓缩咖啡
冰块

02- 1
搅碎浓缩咖啡
冰块

02- 2
放上冰淇淋、
干果

03
淋上浓缩咖啡

制作

01 制作浓缩咖啡冰块
① 萃取浓缩咖啡，加入水和白砂糖。待白砂糖全部溶解后，放凉备用。
② 将步骤①中液体倒入冰格制冰。

02 在碎冰上放上装饰配料
① 将浓缩咖啡冰块搅碎装碗。
② 放上香草冰淇淋、碎核桃果仁以及杏仁薄片。

03 淋上浓缩咖啡
将放凉的浓缩咖啡淋上，即可食用。

美味 POINT

如果没有浓缩咖啡，用速溶咖啡替代亦可。取一杯水，配上 $2\frac{1}{2}$ 大匙的速溶咖啡。除了香草冰淇淋，也可以使用核桃冰淇淋，还可以将谷物零食与干果一起作为装饰配料使用，嚼起来香脆可口。

奶茶刨冰

材料

奶茶冰块22个，奶茶冰淇淋 $1\frac{1}{2}$ 球，装饰用饼干适量

奶茶冰块： 牛奶、水各 $1\frac{1}{2}$ 杯，红茶包6个，白砂糖3大匙

奶茶冰淇淋： 牛奶 $\frac{1}{3}$ 杯，红茶包4个，香草冰淇淋8大匙

◆奶茶冰块及奶茶冰淇淋的制作量参考2大碗刨冰所需量。

制作

01 制作奶茶冰淇淋

① 在加热的牛奶中放入红茶包蒸煮，待红茶充分泡开后，捞出茶包放凉。

② 在碗中放入步骤①制成的奶茶以及香草冰淇淋，充分混合后倒入较深的容器中，放入冷冻室冷冻3~4个小时。

③ 在冷冻过程中，用叉子或者勺子刮并搅拌，整个冷冻过程中，重复这个动作1~2次。

02 制作奶茶冰块

① 将牛奶和水倒入锅中，煮至沸腾关火，放入红茶包继续蒸煮，至红茶较浓时，捞出红茶包。

② 在步骤①中制成的奶茶中放入白砂糖，待溶解后放凉备用。

③ 倒入冰格中制冰。

03 在碎冰上放装饰配料

搅碎奶茶冰块后装碗，放上奶茶冰淇淋，再放上装饰用饼干等配料。

美味 POINT

由于可以在蒸煮后方便地取出茶包，所以尽可能使用红茶包。如果用红茶粉，待牛奶煮沸后，要用细筛将红茶粉筛一下，制作量控制在1个红茶包，约等于2~2.5g红茶粉。用"英式早餐茶"或者"阿萨姆红茶"较为适宜。

01-1 在牛奶中煮红茶包

01-2 在奶茶中混入冰淇淋

01-3 一边制冰一边搅拌

02-2 在奶茶中加入白砂糖，并搅拌至溶解

02-3 在冰格中制作奶茶冰块

Part 2

吃起来酸甜冰凉的维他命
水果刨冰

以草莓及其他几种水果为代表的水果刨冰，近年来升级为各种不同味道和颜色的水果刨冰。用自己喜欢的水果做成的水果刨冰那酸酸甜甜的味道最棒不过了，吃碗水果刨冰也是在大热天为自己疲惫的身体补充维他命的好选择。如果喜欢清爽的口味可选择西瓜刨冰，如果想念在度假时吃过的热带水果，那就来试试制作芒果酸奶刨冰吧！

西瓜刨冰

材料
西瓜冰块：碎西瓜 1½杯
西瓜适量，炼乳 3大匙

01 - ①
挖西瓜

01 - 2
用搅拌棒搅拌

01 - 3
在冰格中放入
碎西瓜冰冻

03
在碎冰上放上
装饰配料

制作

01 制作西瓜冰块
① 将西瓜切大块，或者用勺子去除西瓜籽。
② 将西瓜用搅拌棒搅碎。
③ 将西瓜溶液倒入冰格中制冰。

02 制作西瓜形状
用花样勺子将西瓜挖出圆形。

03 在碎冰上放上装饰配料
将西瓜冰块搅碎装碗，淋上一半炼乳以及雕花的西瓜，最后再均匀淋上剩余的炼乳。

美味POINT

虽然西瓜味甜，但是水分很多，且特有香味不浓郁，在制作成刨冰时，味道多少会有些淡。用西瓜本身制成冰块，在一定程度上保持了西瓜固有的味道，这是本做法的亮点。将西瓜中间甜味多的部位作为装饰配料，将靠近西瓜皮部分味不甜的部分来制成冰块，就可以均匀地吃到西瓜的各种味道了。

三莓刨冰

材料

草莓牛奶冰块：草莓8颗，牛奶1杯
蓝莓草莓酱6大匙，莓子酱糖浆4~5大匙
蓝莓草莓酱：草莓20颗，蓝莓、野草莓各 $\frac{1}{2}$ 杯，白砂糖 $1\frac{1}{2}$ 杯
◆蓝莓草莓酱的量参照4碗刨冰所需量

制作

01 制作蓝莓草莓酱
　① 大个草莓对半切开，小草莓保持原样，将草莓、蓝莓、野草莓一同放入碗中，加入白砂糖轻轻搅拌。
　② 将混合物放入瓶中，在室温下腌制一天。

02 制作草莓牛奶冰块
　① 在草莓中加入牛奶，用搅拌棒手动搅拌。
　② 将碎草莓倒入冰格制冰。

03 在碎冰上放上装饰配料
　将草莓冰块搅碎后装碗，淋上蓝莓草莓酱，再均匀淋上莓子酱糖浆。

美味**POINT**

莓子类的水果容易烂熟，如果不即刻食用很容易长出真菌，可以腌制后放入冰箱一周后再食用或者将腌制后形成的酱直接用于刨冰。将水果放置在室温下腌制的过程中，可以偶尔使用勺子或者筷子搅拌，使白砂糖快速溶解。如果白砂糖的量少于食谱中说明的用量，食物容易变质，所以必须严格遵守用量，并尽快食用。

01 - 1
在各种莓子中加入白砂糖搅拌

01 - 2
装瓶腌制

02 - 1
在草莓中倒入牛奶搅拌

02 - 2
倒入冰格制成草莓冰块

03
在碎冰上放上装饰配料

猕猴桃椰子刨冰

材料

猕猴桃2个，椰子奶油（加糖）、水各 $\frac{1}{2}$ 杯，白砂糖1大匙，装饰用猕猴桃少量

01-1
剥去猕猴桃的
果皮，切块

01-2
材料放一起，
用搅拌棒搅拌

01-3
放到冰格中
制冰

02
搅碎冰块后
装碗

03
用猕猴桃装点

制作

01 制作猕猴桃椰子冰块

　①剥去猕猴桃果皮，切大块。

　②将猕猴桃与椰子奶油、水、白砂糖混合，再用搅
　拌棒搅拌均匀。

　③将②制成的溶液放入冰格制冰。

02 搅碎冰块

　将猕猴桃椰子冰块搅碎后装碗。

03 用猕猴桃装饰

　剥去装饰用猕猴桃的果皮，切厚块后，放置在碎
　冰上。

> **美味POINT**
>
> 如果使用无糖椰子奶油，则应将白砂糖
> 的量调节至3大匙。如果喜欢冰淇淋或冰
> 沙一般质感的刨冰，则减少水的用量，
> 增加椰子奶油的用量即可。按照上述食
> 谱使用加糖椰子奶油时，则要减少白砂
> 糖的用量。

甜瓜刨冰

材料
甜瓜 $\frac{1}{2}$ 个，炼乳、牛奶各 $\frac{1}{3}$ 杯，水 $\frac{2}{3}$ 杯

制作

01 挖出圆形甜瓜
将甜瓜对半切开去除内部的籽，用花形勺子将甜瓜瓤挖成圆形。将剩余的甜瓜瓤收集起来，甜瓜皮不要扔掉。

02 搅碎剩余甜瓜瓤、牛奶、炼乳
01中使用剩下的甜瓜瓤中，加入炼乳、牛奶和水，用搅拌棒充分搅匀。

03 制作甜瓜牛奶冰块
将02中的溶液倒入冰格制成甜瓜牛奶冰块。

04 盛在甜瓜皮中
将甜瓜牛奶冰块搅碎，盛在甜瓜皮中，再最后放上圆形的甜瓜丸。

美味POINT
这是一道将甜瓜和牛奶、炼乳一起制成的冰块搅碎后制成的刨冰。甜瓜应选择底部较软，成熟度正好的，这种甜瓜可以挖出更多的果肉。甜瓜的果皮可以活用成为碗，在盛刨冰之前，应该事先用刀将甜瓜底部刮平整，这样装入刨冰后，甜瓜不会倾斜使刨冰倒出。

01 去除甜瓜籽

01 挖出圆形甜瓜

02 用搅拌棒搅拌材料

03 倒入冰格制冰

04 装在甜瓜皮中

糖水橘子刨冰

材料

冰块22个，糖水橘子适量，橘子糖浆1杯

糖煮橘子：橘子4个，8㎝长的桂皮2根，胡椒20颗，丁香15粒，八角3个，白葡萄酒3杯，水1杯，白砂糖8大匙

◆糖水橘子制作量参考2碗刨冰所需量。

01-1
用粗盐摩擦清
洗橘子

01-2
切橘子皮和
橘子

01-3
在白葡萄酒中
放入香辛料并
煮熟

01-4
蒸发收缩至
1/2时，用细
筛捞出

01-5
放入白砂糖和
橘子

制作

01 制作糖水橘子

① 用粗盐摩擦橘子表皮后，放在热水中洗净，剥去果皮。

② 橘子皮切大块，果肉根据大小切成半月形或者扇子形。

③ 用刷子刷去桂皮表皮，擦净。将桂皮、橘子皮、胡椒粉、丁香以及八角放入锅中，倒入葡萄酒和水，蒸煮。

④ 待煮沸时，改中弱火，文火慢炖以使香味产生，煮至收缩剩1/2时，用筛子将锅中材料捞出。

⑤ 加入白砂糖，待溶解后，再放入橘子，关火。

02 在碎冰上放上装饰配料

将冰块搅碎后装碗，淋上糖煮橘子和糖浆。

美味POINT

浸透了各种香辛料香味的葡萄酒糖浆淋在糖水橘子上，与碎冰搭配，可以说是一道口味非常清爽的刨冰。用橙子代替橘子来制作也很不错。橘子皮散发出橘子特有的味道和香气，一起放在锅中煮，使得糖浆中也有浓郁的橘子味。由于桂皮表面有很多灰尘，一定要用刷子刷净后，放在清水中漂洗干净再使用。

芒果酸奶刨冰

材料
冰块22个，芒果2个，炼乳3大匙
芒果酸奶汁：芒果果肉，原味酸奶1桶，白砂糖 $1\frac{1}{2}$ 大匙

制作

01 切芒果
　剥去芒果皮，避开中央果核部分，将周围果肉切成1.5cm见方的小块。将剩余的芒果肉以及连在果核上的果肉用勺子刮下，备用。

02 制作芒果酸奶汁
　将步骤01中的剩余芒果肉加入原味酸奶、白砂糖，用搅拌棒搅拌均匀，制成芒果酸奶汁。

03 在碎冰上放上装饰配料
　将冰块搅碎装碗，淋上1/2分量的炼乳。
　淋上芒果酸奶汁，放上芒果块，最后再淋上剩余1/2的炼乳。

01
切芒果

02
制作芒果酸奶汁

03
将芒果酸奶汁淋在碎冰上

03
放上芒果

◄ 美味POINT

芒果中央有坚硬果核一般的种子，所以要将芒果切成包含果核在内的三部分。接下来再切成便于食用的小块。有果核的部分果肉非常柔软不易用刀切开，应该用勺子刮下来。如果芒果准备得不够，可以加入黄桃罐头，也非常美味。

蓝莓格兰诺拉麦片刨冰

柿子刨冰

蓝莓格兰诺拉麦片刨冰

材料
冰块22个，格兰诺拉麦片 $\frac{1}{2}$ 杯，蓝莓 $1\frac{1}{3}$ 杯，原味酸奶、炼乳各3大匙
格兰诺拉麦片：燕麦片1杯，葵花籽、南瓜籽各1大匙，低聚糖 $2\frac{1}{2}$ 大匙，葡萄籽油 $1\frac{1}{2}$ 大匙

01-①
加热低聚糖及
葡萄籽油

01-②
混合燕麦片和
干果类

01-③
在烤箱里烤制

01-④
用手揉碎

制作

01 制作格兰诺拉燕麦片
　① 将低聚糖和葡萄籽油放入锅中加热。
　② 放入燕麦片、葵花籽及南瓜籽，搅拌均匀。
　③ 将步骤②中的混合物铺在烤箱盘上，放入预热至140℃
　的烤箱，烤制约25分钟。
　④ 一边放凉一边用手搅拌，均匀地捏碎，就完成了格兰
　诺拉燕麦片。

02 在碎冰上淋原味酸奶和炼乳
　将冰块搅碎装碗，淋上1/2原味酸奶和炼乳的混合物。

03 放上装饰配料
　放上格兰诺拉燕麦片及蓝莓后，再淋上剩余一半原味酸奶
　和炼乳的混合物。

美味POINT

可以一次多做一些格兰诺拉燕麦片，将
剩余大部分放在密闭容器中保存，作为
早餐食用也很不错。由于是将燕麦片、
葵花籽与低聚糖、葡萄籽油一起烤制，
在制作刨冰时，没有必要再单独烤制干
果类了。
可以使用冰冻蓝莓代替新鲜蓝莓制作，
但需要提前从冰箱中拿出蓝莓，在室温
下解冻至一般程度再制作。

柿子刨冰

材料
冰块22个，冰柿2个，原味酸奶4大匙，低聚糖3大匙，糯米糕2块

制作

01 切冰柿
准备冷冻室中冻好的柿子，剥去果皮，切大块。

02 制作柿泥
将冰柿和原味酸奶、低聚糖混合，用搅拌器或者搅拌棒充分搅碎。

03 在碎冰上放装饰配料
将冰块搅碎装碗，将步骤02制作的混合物放在碎冰上，再放上美味的糯米糕。

美味POINT
秋天柿子大量上市，将柿子冰冻起来作为夏天解暑的零食非常棒。将柿子从冷冻室取出，在室温下放置5分钟左右，洗去多余的水份，表皮部分渐渐融化，即能轻松地剥去果皮。冰柿加入白砂糖后，变得不易融化，应该选用低聚糖替代白砂糖，放在一起进行搅拌。

01
去除冰柿的果皮，切好

02
制作柿泥

03
在碎冰上放柿泥

03
放上糯米糕

热带刨冰

蜂蜜葡萄柚刨冰

热带刨冰

材料
冰块22个，圆形切片菠萝 1½块，芒果1个，香蕉 ½个，椰奶油（加糖）5大匙

01
将水果切成
一口大小

02
在碎冰上放
椰奶油

02
放上水果

03
放上剩余的
椰奶油

制作

01 切水果
　将切片菠萝切成一口大小。芒果去除果皮，避开中间果核部分，切成与菠萝一样的大小。香蕉切厚片。

02 在碎冰上淋上椰奶油，放上水果
　将冰块搅碎装碗，淋上1/2分量的椰奶油，然后将切好的水果均匀摆放好。

03 淋上剩余的椰奶油
　步骤02中剩余的一半椰奶油淋在最上层。

美味POINT

菠萝、芒果和香蕉等香气馥郁且口味香甜的热带水果，不适合用牛奶、鲜奶油等乳制品来搭配，而适合用有着特有香气的椰奶油来搭配。加糖椰奶油如同炼乳一样，浓稠且味甜香浓，就算放在冰块上，也不会立刻融化，口味不会一下子变淡，非常适合搭配刨冰。

蜂蜜葡萄柚刨冰

材料
冰块22个，葡萄柚酱适量，葡萄柚酱糖浆 $\frac{2}{3}$杯
葡萄柚酱：葡萄柚2个，蜂蜜 $1\frac{1}{2}$杯
◆葡萄柚酱制作量参考2碗刨冰所需量

制作

01 制作葡萄柚酱
　①剥去葡萄柚厚皮。
　②挖出葡萄柚的果肉，与果肉连在一起的薄衣留下放置一边。
　③步骤②中准备的果肉、果肉薄衣以及蜂蜜放入玻璃瓶中，在室温下腌制一天。再放入冰箱中冷藏保存。

02 在碎冰上放装饰配料
　将冰块搅碎装碗，放上葡萄柚酱以及葡萄柚酱中渗出的糖浆。

> **美味POINT**
> 葡萄柚中白色的果皮有苦味，所以务必将这部分去除。如果是初夏或夏天，可以放在室温下腌制一整天，其他季节的情况下，放置室温下腌制2~3个小时即可。蜂蜜和葡萄柚在腌制过程中，会有水渗出，所以务必使用厚壁玻璃瓶来腌制。

01-①
剥去葡萄柚
果皮

01-②
挖出果肉

01-③
将葡萄柚果肉
及橘子放入瓶
中腌制调味

02
在碎冰上放上
葡萄柚酱

Part 3

比刨冰更凉爽！
冰沙

如果追求低卡路里的话，冰沙就是最好的选择了，它比刨冰更加凉爽，口味更加清新。应用最近流行的冰沙机来制作消暑食物，方法相当简单，搅碎冰块，再淋上家里现成的梅子汁、五味子汁或者红醋，完成！如果考虑到孩子的口味，则推荐制作木槿花果冻刨冰和三色碳酸刨冰。

肉桂蕃茄刨冰

材料
冰块22个，肉桂、蕃茄适量，肉桂蕃茄糖浆 $\frac{1}{2}$ ~ $\frac{2}{3}$ 杯
肉桂蕃茄糖浆： 樱桃蕃茄20颗，白葡萄酒1杯，水 $\frac{1}{2}$ 杯，8cm长桂皮2根，白砂糖10大匙
◆ 肉桂蕃茄糖浆制作量参考2碗刨冰所需量

01- 1
在樱桃蕃茄上
轻划十字

01- 2
在开水中焯一
下樱桃蕃茄

01- 3
将焯过水的
樱桃蕃茄剥去
果皮

01- 4
煮白葡萄酒、
水和桂皮

01- 5
放入樱桃蕃茄

制作

01 制作肉桂蕃茄糖浆
① 在樱桃蕃茄上轻划十字，放入热水中焯一下。
② 将樱桃蕃茄浸入冷水中放凉。
③ 蕃茄皮从十字处裂开，剥去蕃茄皮。
④　在锅中放入白葡萄酒、水、桂皮，蒸煮。煮沸后改中弱火，文火炖至香味散出。当溶液收缩至 $\frac{1}{2}$ 分量时，放入白砂糖，至溶解后关火。
⑤ 在步骤④的基础上，放入樱桃蕃茄，待蒸汽散去后，放入冰箱中放凉，最后捞出桂皮。

02 在碎冰上放装饰配料
将冰块搅碎后装碗，淋上肉桂蕃茄糖浆以及制成糖浆所用的肉桂蕃茄。

> **美味 POINT**
> 必须将蕃茄表面的果皮去掉，这样在腌制糖浆的时候，表面才不会变得粗糙。如果用大火熬煮桂皮，香气不容易散发出来，只有水分挥发，所以必须关小火慢煮才行。在此过程中，樱桃蕃茄的量会减少，糖浆的浓度会变稠。需制作少量，放入冰箱冷藏后需在两天内吃完。

红醋刨冰

材料
汽水 1½杯，红醋 4½大匙，碳酸水 ⅔杯

制作

01 **制作汽水冰块**
将汽水倒入冰格中，制成汽水冰块。

02 **搅碎冰块**
将汽水冰块搅碎后装碗。

03 **放上装饰配料**
在碎冰上均匀淋上红醋和碳酸水。可以放上家里现成的水果或者水果酱，味道更佳，看起来也很不错。

◀ 美味POINT

汽水的甜味和红醋的酸味混合而成的清爽口味的一款刨冰。如果想更加爽口，可以淋上碳酸水。汽水冰块和红醋本身油味就浓重，所以应选用碳酸水替代汽水，也可以选用含有碳酸的苏打水，即或是可以降低甜度的果汁碳酸饮料来替代碳酸水有益。

01
在冰格倒入汽水制冰

02
将冰块搅碎装碗

03
淋上红醋

03
淋上碳酸水

梅子糖浆刨冰

材料
冰块 22个，梅子糖浆 $\frac{1}{2}$ 杯，酱梅子若干

01
搅碎冰块

02
淋上梅子糖浆

03
放上酱梅子

制作

01 搅碎冰块
将冰块搅碎装碗。

02 淋上梅子糖浆
在冰上淋上梅子糖浆。

03 用酱梅子装饰
将梅子糖浆中的酱梅子放在顶上作为装饰。

美味POINT

这是一款将梅子糖浆淋在冰块上制成的
富有幽香的梅子糖浆冰沙。腌制梅子糖
浆时，应准备相同分量的去核梅子肉及
白砂糖，轮流层叠装进玻璃瓶中保存。
在腌制梅子糖浆的过程中，制成的酱梅
子口味甜，且爽脆，可以搭配各种料理
食用。

柚子糖浆刨冰

材料
冰块22个，柚子糖浆5大匙，牛奶 $\frac{1}{3}$ 杯，汽水 $\frac{1}{2}$ 杯

制作

01 **在碎冰上淋牛奶**
将冰块搅碎装碗，淋上牛奶。

02 **放上柚子糖浆，淋上汽水**
在步骤01的基础上，再放上柚子糖浆，淋上汽水。

美味 POINT

这是一款在酸酸甜甜的柚子糖浆中加入牛奶和汽水调成的柔软清爽口味的刨冰。牛奶的用量可根据个人的喜好进行调节，如果加入过量牛奶，口味会变淡，牛奶话量即可。如果想要冰沙的口感，则可以增加冰水的用量。

01 搅碎冰块装碗

01 淋上牛奶

02 淋上柚子糖浆

02 淋上汽水

木槿花果冻刨冰

材料
冰块22个，木槿花糖浆 ½杯，木槿花果冻适量
木槿花糖浆： 热水1杯，木槿花茶包1个，白砂糖4大匙
木槿花果冻： 木槿花茶（热水1杯+木槿花茶包1个）1杯，白砂糖3大匙，明胶粉1g（约 ⅓小匙），
琼脂粉1.5g（约 ⅔小匙）
◆木槿花糖浆和木槿花果冻制作量参考2碗刨冰所需量

01
制作木槿花
糖浆

02 - 2
在茶里放入明
胶粉和琼脂粉

02 - 3
一边用铲子搅
匀一边蒸煮

02 - 3
倒入剩余的木
槿花茶

02 - 4
放入冰箱放凉

制作

01 制作木槿花糖浆
　① 在热水中放入木槿花茶包蒸煮至浓稠。
　② 放入白砂糖，待溶解。

02 制作木槿花果冻
　① 在热水中放入木槿花茶包蒸煮至浓稠，制成木槿花茶。
　② 在锅中放入一半分量的木槿花茶、白砂糖、明胶粉和琼脂粉，煮5分钟后，继续用大火蒸煮。
　③ 蒸煮至沸腾，改中弱火，一边用铲子搅匀，一边倒入剩余的木槿花茶，搅拌均匀后关火待放凉。
　④ 将③中制成的溶液倒入较深的容器中，放入冰箱放凉。然后切成一口大小或者用勺子弄成大块，果冻就完成了。

03 在碎冰放上装饰
将冰块搅碎装碗，淋上木槿花糖浆，然后再放上木槿花果冻。

◀ 美味POINT

酸香的木槿花中，加入白砂糖调出甜味，
就成了孩子们非常喜欢的味道了。放入Q
弹的果冻后，味道就更上一层了。可以用
煮至浓稠的红茶或咖啡代替木槿花茶，这
样就能做出多种口味的刨冰了。

五味子糖浆刨冰

材料
冰块22个，五味子糖浆 $\frac{1}{2}$ 杯，冷冻五味子（或鲜五味子）若干
五味子糖浆：冷冻五味子（或鲜五味子）1kg，白砂糖1.2kg
◆五味子糖浆的制作量参考12碗刨冰所需量

制作

01 制作五味子糖浆
①将白砂糖和五味子一层隔一层铺在玻璃瓶内。
②在最上面盖一层白砂糖，关上盖子，置于室温下。
③偶尔搅拌均匀，使白砂糖更快速溶解。放置两个半月到3个月左右，白砂糖完全溶解，五味子糖浆制成。在超过3个月之前，用筛子过滤出五味子糖浆。

02 在碎冰上装饰
将冰块搅碎装碗，均匀撒上五味子糖浆。最后用五味子作装饰。

01-1
在瓶中装入五味子和白砂糖

01-2
在最上面盖一层白砂糖

01-3
过2~3个月后，用筛子过滤

02
在碎冰上淋上五味子糖浆

美味POINT
这是一款用口味酸酸甜甜的五味子糖浆制成的刨冰。虽然也可用鲜五味子来制作，但由于鲜五味子易变软，用买来的冷冻五味子制作较合适。可根据个人喜好浇上汽水，口味也相当不错。

蓝色柠檬汁刨冰

材料
蓝色柠檬冰块：柠檬1个，水 $1\frac{1}{2}$ 杯，白砂糖 $1\frac{1}{2}$ 大匙，蓝柑糖浆1大匙
汽水 $\frac{2}{3}$~1杯，装饰用柠檬皮若干

01-1
去除柠檬皮

01-2
挖去白皮，
切果肉

01-3
搅碎柠檬果肉

01-4
在碎柠檬果肉
中倒入糖浆

01-4
倒入冰格制冰

制作

01 制作蓝色柠檬冰块
① 用粗盐揉搓柠檬表面，在热水中洗净，用剥皮器去除黄色果皮部分。
② 挖去内部白色果皮部分，将果肉切块。
③ 将柠檬果肉、水和白砂糖用搅拌棒搅拌均匀。
④ 在③的溶液中加入柠檬黄色的果皮以及蓝柑糖浆，搅拌均匀，再倒入冰格制冰。

02 在碎冰上淋上汽水
搅碎蓝色柠檬冰块装碗，再用若干切成薄片的柠檬果皮装饰，最后淋上汽水。

◀ 美味POINT

这是一款用柠檬果肉直接搅碎的酸味十足的柠檬汁刨冰。剥下柠檬果皮一同放入，柠檬的酸味更上一层。柠檬和葡萄柚相似，内部白色果皮部分有苦味，必须要去除。用蜂蜜或薄荷糖浆来代替白砂糖，也是不错的搭配。

薄荷红茶刨冰

干姜汁刨冰

薄荷红茶刨冰

材料
红茶冰块22个，薄荷糖浆 $\frac{1}{2}$ ~ $\frac{2}{3}$ 杯
红茶冰块：水 $3\frac{1}{2}$ 杯，红茶包5个
薄荷糖浆：水 1杯，薄荷茶包6个，白砂糖4大匙
◆红茶冰块和薄荷糖浆的制作量参考2碗刨冰所需量

01- 1
泡红茶包

01- 2
倒入冰格制成
红茶冰块

02- 1
泡薄荷茶

02- 2
放入白砂糖

02- 3
捞出茶包

制作

01 制作红茶冰块
　① 在热水中泡红茶包，然后放凉。
　② 将①制成的溶液倒入冰格制成红茶冰块。

02 制作薄荷糖浆
　① 在沸水中放入薄荷茶包，关火后，再泡上7~8分钟。
　② 捞出一半茶包，再次开火，加入白砂糖，再煮上一段时间后，关火放凉。
　③ 完全放凉后，捞出整个茶包，薄荷糖浆就完成了。

03 在碎冰上淋上薄荷糖浆
　将红茶冰块搅碎装碗，淋上薄荷糖浆即可。

> **美味POINT**
>
> 制作糖浆的时候，茶包基煮一段时间后，香味就会淡太不少，所以基煮至白砂糖溶解即可。为了使制作好的薄荷糖浆的味道保持长久，应该盖上盖子后放冰箱保管。也可以淋上碳酸水，或者是冰咖啡，也别有一番风味。淋上碳酸水或者是汽水，则可以制做出冰沙的口感，也是个不错的搭配。

干姜汁刨冰

材料
汽水 $1\frac{1}{2}$ 杯，干姜汁糖浆 $\frac{1}{4}\sim\frac{1}{3}$ 杯，碳酸水 $\frac{2}{3}$ 杯
干姜汁糖浆：5cm生姜5块（80g），8cm长桂皮 2根，胡椒20颗，丁香15颗，水2杯，白砂糖4大匙
◆干姜汁糖浆的制作量参考4碗刨冰所需量

制作

01 制作汽水冰块
将汽水倒入冰格制水。

02 制作干姜汁糖浆
① 生姜切薄片，桂皮用刷子搓洗干净。
② 在锅中放入生姜、桂皮、胡椒和丁香，倒入水，开始蒸煮。
③ 煮沸后改中弱火，文火炖至香气溢出。蒸煮至汤汁浓缩到原先的一半分量。
④ 捞出香辛料，加入白砂糖，待溶解后关火放凉。

03 在碎冰上淋上干姜汁糖浆和碳酸水
将汽水冰块搅碎装碗，淋上干姜汁糖浆，然后再淋上碳酸水。

美味POINT
生姜和香辛料辣味道突出的刨冰，使得碳酸水那种一涌而上的清凉感更上一层。煮糖浆的时候，如果放入1～2个越南辣椒（呛口辣椒），可以使得刺激感恰恰到好处，味道一下就涌出来了。如若放入少量八角或小豆蔻，就会有更加丰富的口味了。

02-1
择香辛料

02-2
在锅中煮香辛料

02-3
关小火，文火慢炖

02-4
捞出香辛料

03
在碎冰上淋上糖浆和碳酸水

水正果刨冰

三色碳酸刨冰

水正果刨冰

材料
水正果冰块22个，冰柿1个，碎核桃2大匙，糯米糕、艾蒿米糕适量
水正果冰块：8cm长桂皮3根，5cm生姜 $2\frac{1}{2}$ 块（40g），水5杯，黄糖 $\frac{3}{4}$ 杯
◆水正果冰块制作量参考2碗刨冰所需量

01-①
择桂皮及生姜

01-②
在锅中煮桂皮
及生姜

01-③
放入黄糖

01-④
倒入冰格制成
水正果冰块

03
在碎冰上装饰

制作

01 制作水正果冰块
① 用刷子将桂皮刷洗干净，生姜切薄片。
② 在锅中放入桂皮及生姜，倒入水，开始煮。待煮沸时，改中弱火，继续煮30分钟左右。
③ 捞出桂皮和生姜，放入黄糖，待溶解后，关火放凉。
④ 将③制成的溶液倒入冰格，制作水正果冰块。

02 搅碎冰块
将水正果冰块搅碎装碗。

03 放上装饰配料
在碎冰上放上冰柿，在撒上碎核桃、糯米糕和艾蒿米糕。

美味 POINT
鲜爽可口的水正果制成的刨冰，也可以用干柿饼来代替冰柿作装饰。煮水正果的时候，可放入大枣调味，也可以根据个人喜好，稍微撒一些肉桂粉，那口味就更爽了。

三色碳酸刨冰

材料

柠檬味、草莓味、葡萄味碳酸饮料各 1⅓杯，装饰用柠檬片、草莓、葡萄若干

制作

01 制作碳酸冰块

将三种碳酸饮料各倒一杯到冰格中，制作冰块。

02 在碎冰上淋碳酸水

将碳酸饮料冰块各自搅碎装碗，再淋上制作成冰块的同种类碳酸水1/3杯。

03 放上装饰配料

在冰块上各自放上柠檬薄片、草莓或葡萄。

01
制作碳酸饮料冰块

02
搅碎碳酸饮料冰块

02
各自淋上不同的碳酸水

03
最后放上搭配的装饰水果

美味POINT

这是一款非常适合做给所含的碳酸气体孩子们吃的冰沙。因为碳酸饮料所含的碳酸气体在冰冻过程中，会释放出来，所以在淋碳酸水的时候，要淋上同种类的碳酸水。可以在汽水中加入各种不同颜色的水果块，制成果汁来代替市面上销售的碳酸饮料，用同样的方法来制作成刨冰。

Part 4

食欲减退时的绝佳选择
营养刨冰

既清爽又富有营养的营养刨冰。坚果、甜南瓜、黑荏子、豆乳、黑豆等对身体有益的食物可以尽情享用。没胃口的时候,用营养刨冰代替正餐也不错,还有开胃功效。如果担心夏天吃冰凉食物过多,那又凉爽又不用担心健康的营养刨冰是最佳选择了。

坚果谷物刨冰

材料

冰块22个，核桃、杏仁薄片、南瓜籽各1大匙，原味酸奶 1½桶，蜂蜜5大匙
玉米脆片、格兰诺拉麦片各 ½杯，果干（葡萄干、西梅干、蔓越莓干等）果肉1大匙

01
在烤箱里烤制
坚果

02
在碎冰上淋上
酸奶和蜂蜜

03
放上坚果

04
放上干果果肉

04
淋上剩余的酸
奶和蜂蜜

制作

01 在烤箱里烤制坚果
将核桃切大块。将核桃、杏仁薄片、南瓜籽等搅拌均匀，铺在烤盘上，然后放到预热至160℃的烤箱中，烤制5~6分钟。

02 在碎冰上淋上酸奶和蜂蜜
将冰块搅碎装碗，各淋上1/2 分量的酸奶和蜂蜜。

03 放上坚果类
在02的基础上放上坚果、脆玉米片和格兰诺拉麦片。
★格兰诺拉的制作方法参考P44。

04 将剩余材料装点在顶部
在03的基础上均匀撒上果干，然后淋上剩余的酸奶和蜂蜜。

> **美味POINT**
> 干果撒在冰块上会变硬，如果觉得口感欠佳，则可以事先将干果放在温水中泡5分钟再捞出。坚果经过一次烤制，香脆的味道会很浓烈，如果没有烤箱，也可以在不放油的平底锅中，开小火烤制。

甜南瓜刨冰

材料
冰块22个，炼乳3大匙，松子仁 $\frac{1}{2}$ 大匙，艾蒿米糕丸子适量
甜南瓜泥：切好的甜南瓜 $\frac{1}{4}$ 个（约175g），低聚糖3大匙，水 $\frac{1}{4}$ 杯

制作

01 制作甜南瓜泥
　① 将甜南瓜的外皮和籽去除，并切大块。
　② 将切好的甜南瓜放入蒸锅蒸煮。
　③ 待甜南瓜被蒸煮至软糯时，将甜南瓜、低聚糖和水放
　在一起，用搅拌棒搅拌均匀，放凉。

02 在碎冰上淋炼乳
　将冰块搅碎，在搅碎过程中，均匀淋上炼乳，装碗。

03 放上装饰配料
　将甜南瓜泥放在碎冰上，然后再撒上松子仁和艾蒿米糕
　丸子。

美味POINT

01-1
择甜南瓜并
切块

01-2
将甜南瓜放入
蒸锅

01-3
搅拌蒸南瓜

02
在碎冰上淋
炼乳

03
放上甜南瓜泥

甘薯糯米糕刨冰

材料
冰块22个，豆糕适量
甘薯牛奶混合物：南瓜甘薯 2个(约 360g)，牛奶2杯，炼乳8大匙，白砂糖4大匙

01-1
将南瓜甘薯切
成四方块

制作

01 制作甘薯牛奶混合物
　①将南瓜甘薯去皮，切成1cm见方的小方块。
　②在锅中倒入甘薯和牛奶，蒸煮。
　③待甘薯煮熟，改中弱火，一边用铲子搅拌，继续
　　煮至甘薯熟透。
　④甘薯基本煮熟时，放入炼乳和白砂糖，搅拌均匀
　　后，用文火继续蒸煮至液体收干，放凉。
02 在碎冰上放装饰配料
　将冰块搅碎装碗，放上甘薯牛奶混合物以及切好的
　豆糕。

01-2
煮甘薯和牛奶

01-3
一边煮一边用
铲子搅拌

01-4
将完成的混合
物放凉

美味POINT

在甘薯中加入牛奶来做料理，甘薯会更加
柔软香甜。如果选用南瓜甘薯来做，入口
即化，如果选用栗子甘薯来做，则Q弹有
劲道。可以根据个人的喜好，在甘薯牛奶
混合物中加入少许肉桂粉，可使口感更加
丰富。

02
在碎冰上放上
装饰配料

黑荏子红豆刨冰

材料

冰块22个，炼乳、红豆各5大匙，黑荏子糖浆2大匙，糯米糕2块，
坚果（碎核桃、南瓜籽、葵花籽等）2大匙，黑荏子粉 $1\frac{1}{2}$ 大匙
黑荏子糖浆：黑荏子 $2\frac{1}{2}$ 大匙，蜂蜜2大匙，水1大匙，盐少许
◆黑荏子糖浆制作量参考2碗刨冰所需量

制作

01 制作黑荏子糖浆
①将黑荏子放入搅拌机中搅拌均匀。
②将剩余糖浆所需材料和搅碎后的黑荏子充分
混合。

02 在碎冰上淋上黑荏子糖浆
搅碎冰块的过程中，一边淋上炼乳，然后装碗，再撒
上红豆，浇上黑荏子糖浆。

03 放装饰配料
放上切成小块的糯米糕和坚果后，最后再撒一点黑
荏子粉。

01 - 1
将黑荏子放
在搅拌机中
搅碎

01 - 2
将黑荏子、蜂
蜜混合

02
在碎冰上淋上
炼乳

02
放上红豆以及
黑荏子糖浆

美味 POINT

花生刨冰

材料
冰块22个，花生冰淇淋 1½球，碎花生2大匙
花生牛奶糖浆：花生黄油2大匙，热牛奶 ¼杯，白砂糖 1½大匙
花生冰淇淋：花生黄油 4½大匙，热牛奶 ½杯，香草冰淇淋9大匙
◆花生冰淇淋制作量参考2碗刨冰所需量

01-1
将花生黄油
放在牛奶中
溶化

01-2
一边搅拌一边
冰冻

02
制作花生牛奶
糖浆

03
淋在碎冰上

制作

01 制作花生冰淇淋

①将花生黄油放在耐热容器中，放入微波炉中转7~8秒，使黄油充分软化，一边倒入热牛奶，使黄油溶化均匀。

②在①的溶液中加入香草冰淇淋并搅拌均匀，装在较深的容器中，置于冰箱冷冻室保存3~4个小时。在此过程中，要用叉子或者勺子刮擦均匀，重复1~2次。

02 制作花生牛奶糖浆

将花生黄油放在耐热容器中，放入微波炉中转7~8秒，使黄油充分软化，再倒入热牛奶和白砂糖，搅拌均匀。

03 在碎冰上放装饰配料

将冰块搅碎装碗，淋上花生牛奶糖浆，再放上花生冰淇淋，最后撒一些碎花生。

美味 POINT

这是一款用花生黄油制成的香浓刨冰。在牛奶中溶化黄油的时候，牛奶最好用温度较高的热牛奶，黄油才可以很快均匀地溶化开来。如果使用的花生黄油里本身含有碎花生成分，则不必再单独准备碎花生了。

甜栗羊羹刨冰

豆乳刨冰

甜栗羊羹刨冰

材料
牛奶 1½杯，炼乳3大匙，红豆羊羹2块，糯米丸子适量
甜栗料理：剥好的栗子15颗，水 ¾杯，低聚糖4大匙，白砂糖3大匙

02-1
煮栗子

02-2
将煮熟的栗子
漂洗干净

02-3
做甜栗料理

03
将牛奶冰块
搅碎，淋上
炼乳

03
放上红豆羊
羹、甜栗料
理等

制作

01 制作牛奶冰块
将牛奶倒入冰格，制冰。

02 制作甜栗料理
① 将剥好的栗子切成1cm见方大小，放入锅中，加入足够的水，开始煮。
② 待水开，再煮1~2分钟，倒掉锅里的水，用净水漂洗一遍煮好的栗子。
③ 在②的基础上，倒入相应分量的水（即3/4杯水）以及低聚糖、白砂糖，开中弱火蒸煮。一边收汁，一边蒸煮，待栗子完全被煮熟后，关火放凉。

03 在碎冰上放装饰配料
将牛奶冰块搅碎装碗，淋上炼乳，再放上切好的红豆羊羹及甜栗料理，最后放上几颗糯米丸子。

美味 POINT
直接在栗子里放低聚糖和白砂糖制成的甜栗料理比料理罐头口感更有韧劲，味道也很清爽。煮栗子的时候，第一遍蒸煮的水必须倒出来，才可以保证没有杂质和苦涩味。

豆乳刨冰

材料
冰块22个，切糕适量
豆乳汁：豆乳（低糖）4杯，淀粉 1½大匙，低聚糖6大匙

制作

01 制作豆乳汁

① 将豆乳倒入锅中，用中火慢炖，待豆乳收汁至原来的一半时，关火放凉。

② 在①制成的溶液中加入淀粉和低聚糖，用发泡器搅拌发泡，使充分混合。

③ 再开火蒸煮，同时用铲子不停搅拌。蒸煮至酸奶的浓稠度时，关火放凉。

02 在碎冰上放装饰配料

将冰块搅碎装碗，淋上豆乳汁，最后放上切糕。

美味POINT

这是一款充分突出豆乳香甜口味的刨冰，与裹着豆酱的切糕搭配完美。制作豆乳汁的时候，加入少量淀粉，可以使豆乳汁如同酸奶一般浓稠，淋在碎冰上的时候可以使冰块快速融化，同时也可以防止刨冰的口味变淡。如果喜好新味，可以用一般豆乳来制作。

01-1
煮豆乳，放凉

01-2
加入淀粉和低聚糖

01-2
用发泡器搅拌发泡

01-3
一边用铲子搅拌，一边蒸煮

02
在碎冰上放装饰配料

栗子大枣红豆刨冰

黑豆刨冰

栗子大枣红豆刨冰

材料
冰块22个，炼乳、红豆各6大匙，大枣片2大匙，甜栗料理4~5颗
大枣片：大枣15颗
◆大枣片制作量参考4~5碗刨冰所需量

01 - 1
剥出大枣肉

01 - 2
大枣切丝，放
入蒸锅蒸

01 - 3
放烤盘上烘干

02
在碎冰上放装
饰配料

制作

01 制作大枣片
① 将大枣洗净，擦干水分，旋转着将果肉挖出。
② 将大枣果肉切丝，放入蒸热的蒸锅中蒸大概3~4分钟。
③ 将蒸好的大枣铺在烤盘上，然后放到预热至120℃的烤箱中，烘干约40分钟。

02 在碎冰上放装饰配料
搅碎冰块的过程中，一边淋上炼乳，装碗，最后一层一层放上红豆、大枣片和对半切开的甜栗料理。

★甜栗料理的制作方法参考P88

美味POINT
这是一款以香脆可口的大枣片作为亮点的刨冰。在将大枣放在烤盘上烘干之前，可以在蒸锅上蒸一下，既起到了杀菌消毒的效果，烘干后口味更香脆。如果不使用烤箱，而使用食品烘干机的话，应控制在70℃下，烘制3个小时。

黑豆红豆刨冰

材料
黑豆冰块22个，红豆6大匙，豆乳$\frac{2}{3}$杯，炒米粉1小匙，豆糕适量
黑豆冰块：黑豆$\frac{2}{3}$杯，水5杯
◆黑豆冰块制作量参考3碗刨冰所需量

制作

01 制作黑豆冰块

① 黑豆在水中浸泡半天以上，将水倒掉，用清水漂洗黑豆。

② 在锅中倒入黑豆以及水（5杯分量），蒸煮20分钟，黑豆变软时，关火放凉。

③ 将煮熟的黑豆和煮黑豆所用之水放入搅拌器，或者用搅拌棒搅拌均匀。

④ 将③制成的溶液倒入冰格，在冷冻室中冰冻4~5个小时。

02 在碎冰上放装饰配料

将黑豆冰块搅碎装碗，在此过程中一边加入炼乳和豆乳，然后再放上红豆和炒米粉，最后放上几块豆糕。

美味POINT

浸泡黑豆

煮黑豆

搅碎熟黑豆

将黑豆溶液倒
入冰格制冰

Part 5

比酒更好喝、为成人准备的甜点

酒类刨冰

最近很流行红酒刨冰，用其他酒类也可以成功做成刨冰吗？只为成人而制的甜点就是含有酒精的刨冰。参考一下在氛围不错的高楼旋转餐厅里能喝到的鸡尾酒的味道，只要选一种自己喜爱的甜酒，加入一些橙汁或者可乐，就可制成了。因为制成冰块后酒精会被稀释，哪怕是不善喝酒的人，在夏天夜晚也可以尽享冰爽了。

百利甜酒刨冰

材料
冰块15个，百利甜酒 $\frac{1}{2}$ 杯，黑巧克力1大匙，香草冰淇淋1球，装饰用饼干若干

01
在碎冰上淋上
百利甜酒

02
撒上碎巧克力

02
放上冰淇淋

制作

01 在碎冰上淋上百利甜酒
将冰块搅碎，均匀淋上百利甜酒。

02 放装饰配料
在01的基础上均匀撒上碎巧克力和香草冰淇淋，最后
再插上一些装饰用饼干。

美味POINT

作为一款兼具百利甜酒的香甜、巧克力和
冰淇淋口味的刨冰，对成人来说是道不错
的甜点。加入的碎巧克力，可以使刨冰有
香甜可口的嚼劲，可能的话，将黑巧克力
作为最后收尾的味道。如果喜欢更加甜糯
口味的话，可以将巧克力糖浆代替碎巧克
力加在刨冰中。

红酒葡萄刨冰

材料
冰块15个，红酒糖浆 $\frac{1}{4}$ ~ $\frac{1}{3}$ 杯，青葡萄7颗，提子15颗，坚果奶油乳酪适量
坚果奶油乳酪： 奶油乳酪4大匙，坚果（核桃、杏仁、开心果等）1大匙，果干（菠萝、芒果等）1大匙
红酒糖浆： 红酒3杯，白砂糖6大匙
◆坚果奶油乳酪以及红酒糖浆的制作量参考4碗刨冰所需量

制作

01 制作坚果奶油乳酪
　①将坚果和果干压碎。
　②将压碎的坚果和果干放到奶油乳酪中，搅拌均匀。
　③将②制成的混合物放在保鲜膜上，卷成长条形。置于
　　冷冻室40分钟后，切成大块。

02 制作红酒糖浆
　①在锅中倒入2杯红酒和6大匙白砂糖，煮至收汁到剩一
　　半左右时，放凉。
　②再将剩余的1杯红酒倒入①的溶液中。

03 在碎冰上放装饰配料
　将冰块搅碎装碗，淋上红酒糖浆后，再放上对半切开的
　青葡萄、提子以及坚果奶油乳酪。

01-①
将坚果和果干
压碎

01-②
加入奶油乳酪
中搅拌均匀

01-③
放在保鲜膜
上，卷起来

02-①
将红酒和白砂
糖煮开后放凉

02-②
放入剩余的
红酒

美味 POINT
如果直接将红酒淋在冰块上，冰块在融化的同
时，口味也会变淡，所以应使用以红酒蒸煮后收
汁的糖浆淋在碎冰上。作为装饰配料的坚果奶油
乳酪可丰富红酒刨冰的口味，坚果类和干果要
充分压碎，这样才可以和奶油乳酪充分混合，冻
成条状后切开也不会散开，形状会很饱满。

椰林飘香刨冰

材料
冰块15个，椰林飘香糖浆 $\frac{2}{3}$ 杯，装饰用菠萝适量
椰林飘香糖浆：圆形片状菠萝2片，香蕉 $\frac{1}{2}$ 个，椰奶油1杯，朗姆酒、白砂糖各4大匙，柠檬汁1大匙
◆椰林飘香糖浆制作量参考2碗刨冰所需量

01-①
切菠萝和香蕉

01-②
将椰林飘香的
材料混合在一
起并搅拌

02
在碎冰上淋上
糖浆

02
用菠萝装饰

制作

01 制作椰林飘香糖浆
　①将菠萝和香蕉切大块。
　②将切好的菠萝和香蕉与制作糖浆所需的剩余材料混合，用搅拌机或搅拌棒搅拌充分。

02 在碎冰上放装饰配料
　将冰块搅碎装碗，淋上椰林飘香糖浆后，再放上切成1cm见方的菠萝作为装饰。

> **美味POINT**
>
> 本款刨冰将口味酸甜的椰林飘香鸡尾酒活用在刨冰上。可以替代选用芒果、苹果等其他水果，就可以制作出口味丰富、十分独特的刨冰了。使用菠萝罐头的情况下，菠萝用量需要3块，而白砂糖的用量则减少到2大匙。

石榴橙子刨冰

材料
朗姆橙子冰块：朗姆酒 $\frac{1}{3}$ 杯，橙汁 $\frac{4}{5}$ 杯
石榴糖浆 $\frac{1}{3}$ 杯，装饰用橙子、装饰用药草各若干

制作

01 制作朗姆橙子冰块
将朗姆酒和橙汁混合，倒入冰格制冰。

02 剥橙子
将橙子表皮剥去，挖出果肉，切成长条状。

03 将石榴糖浆和碎冰混合
先在碗中装入石榴糖浆，再将01中朗姆橙子冰块搅碎，一并混合到石榴糖浆中，轻轻搅拌。

04 倒入剩余的碎冰
将剩余冰块搅碎，放在顶端，再用橙子和药草装饰。

美味POINT
这是一款既有石榴糖浆也有橙子的酸甜滋味的刨冰。如果没有石榴糖浆，也可以用黑醋栗代替；或用伏特加替代朗姆酒混合到橙汁中。如果在这种刨冰上淋糖浆，渗透到最底层需要一段较长的时间，如果在刨冰下面放糖浆，然后再放上碎冰的话，就可以营造出富有颜色层次的刨冰了。

01
将朗姆酒和橙汁混合，制冰

02
剥橙子，切块

03
在碗中放入石榴糖浆

03
搅碎冰块，放入混合

04
放入剩余的碎冰

啤酒可乐刨冰

材料
啤酒可乐冰块：啤酒、可乐各 $\frac{1}{2}$ 杯
啤酒、可乐各 $\frac{1}{4}$ 杯

01
将啤酒与可乐
混合

01
倒入冰格制冰

02
将啤酒可乐冰
块搅碎

02
淋上啤酒和
可乐

制作

01 制作啤酒可乐冰块
　将啤酒与可乐混合，倒入冰格制冰。
02 在碎冰上淋上啤酒和可乐
　将01中制成的冰块搅碎装碗，淋上啤酒和可乐。

美味POINT

这是一款用啤酒和可乐制成的略带苦味
的刨冰。由于啤酒和可乐所含的碳酸气
体在冰冻过程中其中会挥发，在搅碎冰
块后，要再淋上一些啤酒和可乐，才会
有劲爽的口感。

白俄罗斯刨冰

材料
伏特加冰块：水 $\frac{5}{6}$ 杯，伏特加 $\frac{1}{6}$ 杯
香甜咖啡酒 $\frac{1}{3}$ 杯，鲜奶油 $2\frac{1}{2}$ 大匙

制作

01 制作伏特加冰块

将伏特加与水混合，然后倒入冰格制冰。

02 在碎冰上浇上香甜咖啡酒

在碗里盛一半分量的香甜咖啡酒，然后放上搅碎的伏特加冰块，最后淋上剩余的香甜咖啡酒和鲜奶油。

美味POINT

这是一款应用了白俄罗斯鸡尾酒的刨冰。充分凸显了咖啡香浓的口味。如果没有鲜奶油，也可以用香草冰淇淋来代替。

01
将伏特加与水混合

01
倒入冰格制冰

02
轮流浇上香甜咖啡酒和碎冰块

02
放上鲜奶油

日出刨冰

红眼睛刨冰

日出刨冰

材料

橙子伏特加冰块：橙汁 $\frac{4}{5}$ 杯，伏特加 $\frac{1}{5}$ 杯
石榴糖浆、蓝柑糖浆各 $\frac{1}{5}$ 杯

01
将橙汁与伏特
加混合

01
倒入冰格制冰

02
将石榴糖浆和
冰块装碗

03
淋上蓝柑糖浆

制作

01 制作橙子伏特加冰块
将橙汁与伏特加均匀混合，倒入冰格制冰。

02 淋上石榴糖浆，并放置碎冰
在碗中倒入石榴糖浆，将搅碎的橙汁伏特加冰块装碗。

03 淋上蓝柑糖浆
在冰块顶端淋上蓝柑糖浆。

美味POINT

这不仅是一款有着红色、黄色和蓝色调和
的3色刨冰，可以尝到三种不同的味道。
作为特殊纪念日的甜点，也非常不错。完
成刨冰后，可以淋上一些碳酸水，使刨冰
有着冰沙的细腻口感。

红眼睛刨冰

材料
蕃茄啤酒冰块：蕃茄汁 $\frac{2}{3}$ 杯，啤酒 $\frac{1}{3}$ 杯
蕃茄汁 $\frac{1}{2}$ 杯

制作

01 制作蕃茄啤酒冰块
　将蕃茄汁与啤酒均匀混合，倒入冰格制冰。
02 在碎冰上淋上蕃茄汁
　将蕃茄啤酒冰块搅碎装碗，淋上蕃茄汁。

美味 POINT
这是一款酸酸的，回味有点儿苦涩的鸡尾酒刨冰。如果想要更加新鲜的口味，则可以在蕃茄汁里加入新鲜蕃茄，一起搅拌淋在刨冰上。如果想要更接近鸡尾酒的口味，则最后淋上的蕃茄汁可以换成一半蕃茄汁一半啤酒的液体。

01
将蕃茄汁与啤酒混合

01
倒入冰格制冰

02
将冰块搅碎装碗

02
淋上蕃茄汁

莫西多 刨冰

覆盆子马格利 刨冰

莫西多刨冰

材料
酸橙汽水冰块：酸橙汁 $1\frac{1}{2}$ 大匙，汽水 1杯
薄荷糖浆4大匙，朗姆酒1大匙，碳酸水 $\frac{1}{2}$ 杯，装饰用酸橙、装饰用薄荷各若干

01
将酸橙汁与汽
水混合

02
倒入冰格制冰

02
将薄荷糖浆与
朗姆酒混合

03
在碎冰上淋上
朗姆薄荷糖浆

制作

01 制作酸橙汽水冰块
将酸橙汁与汽水混合，倒入冰格制冰。

02 将薄荷糖浆与朗姆酒混合
将薄荷糖浆与朗姆酒混合，然后将装饰用酸橙切片。
★薄荷糖浆的制作方法参考**P68**

03 在碎冰上淋上糖浆，浇上碳酸水
将酸橙汽水冰块搅碎装碗，淋上朗姆薄荷糖浆以及碳酸水，最后用酸橙片和薄荷叶作装饰。

美味POINT
这是一款应用最近较流行的莫西多鸡尾酒的刨冰。酸橙的酸爽口味以及薄荷的清凉感十分搭配。由于季节不同，可能较难买到新鲜酸橙，可以选用冰冻的酸橙或者市面上销售的酸橙浓缩汁来代替。

覆盆子马格利刨冰

材料
马格利1杯，覆盆子泥3大匙，汽水 $\frac{1}{3}$ ~ $\frac{1}{2}$ 杯
覆盆子泥： 冷冻覆盆子 $1\frac{1}{2}$ 杯，白砂糖 $\frac{1}{2}$ 杯
◆覆盆子泥的制作量参考3碗刨冰所需量。

制作

01 制作马格利冰块
　将马格利摇晃均匀，倒入冰格制冰。

02 制作覆盆子泥
　① 在锅中放入覆盆子和白砂糖，煮至白砂糖完全溶解，待沸腾后改用中弱火。
　② 用铲子不停搅拌，继续文火煮2~3分钟。待溶液开始变稠，则关火放凉。

03 在碎冰上放覆盆子泥
　将马格利冰块搅碎装碗，放上覆盆子泥后，再淋上一些汽水。

美味POINT
马格利在经过冰冻后，原来特有的酒味会变淡，所以不善喝酒的人也可以尽情享受这款刨冰。酸酸甜甜的覆盆子泥以及劲爽的汽水交织其中，品尝起来就好像在喝鸡尾酒。可以用蓝莓、野莓或者桑椹果来代替覆盆子，口味同样不错。

01
在冰格中倒入
马格利制冰

02-1
在锅中倒入覆盆子和白砂糖并煮开

02-2
一边用铲子搅拌一边煮

03
搅碎马格利冰块

03
放上覆盆子泥

用创意做出更好吃的
趣味刨冰

如果不爱平凡刨冰，那么这一部分将为大家介绍用简单手法做出的既好吃且外形相似的刨冰。尤其是有过在家里自制面包或饼干经历的朋友，更是可以发挥以往的经验了。一次做上可以用两至三次的酱汁、糖浆或者是奶油，放在冰箱里保存，就可以随时享受美味了。小朋友开生日派对的时候，这些刨冰必然会成为招待小朋友的食物中人气最高的那款。

苹果肉桂刨冰

材料

冰块22个，苹果肉桂泥8大匙，煮熟的苹果2大匙

苹果肉桂泥：苹果（小）2个，苹果汁（100%纯果汁）2杯，柠檬汁$\frac{1}{4}$~$\frac{1}{3}$杯，白砂糖3大匙，7~8㎝长桂皮1根

◆苹果肉桂泥的制作量参考2碗刨冰所需量

01-1
将苹果切方块

01-2
煮苹果肉桂泥
的材料

01-3
捞出桂皮，将
材料放凉

01-4
放入搅拌机
搅碎

02
在碎冰上放装
饰配料

制作

01 制作苹果肉桂泥

① 将苹果核去除，保留苹果皮，将苹果切成1cm见方的小块。

② 在锅中放入一半分量的苹果、苹果汁及柠檬汁，再放入白砂糖和桂皮，开始炖煮。

③ 待煮沸时，改中弱火，文火煮至苹果变软变熟，然后捞出桂皮放凉。捞出一些作为装饰苹果用的小苹果方块。

④ 将③制成的混合物放入搅拌机，再倒入剩余一半分量的苹果、苹果汁及柠檬汁，搅拌均匀，苹果肉桂泥就完成了。

02 在碎冰上放装饰配料

将冰块搅碎装碗，放上苹果肉桂泥，最后再放上煮熟的苹果。

美味POINT

将苹果放在苹果汁里煮，苹果的味道更为浓郁，更为是酸酸的味道。由于季节不同，苹果的水分和糖分有所不同，应根据苹果的含水及含糖量来调节苹果汁及白砂糖的用量。如果放入桂皮一起煮不是很方便的话，可以在削好完苹果煮后，再撒一半桂粉搅拌。根据个人喜好，如果喜欢柔软的口感，可以冰上一些炼乳。

焦糖香蕉刨冰

材料：
冰块22个，焦糖糖浆 $\frac{1}{2}$ 杯，白砂糖 2大匙，香蕉1个，核桃5粒，黄油 $\frac{1}{2}$ 大匙，香草冰淇淋 $1\frac{1}{2}$ 球
焦糖糖浆： 白砂糖 $4\frac{1}{2}$ 大匙，鲜奶油、牛奶各 $\frac{1}{4}$ ~ $\frac{1}{3}$ 杯
◆焦糖糖浆的制作量参考2碗刨冰所需量

制作

01 **制作焦糖糖浆**
① 在锅中放入白砂糖（ $4\frac{1}{2}$ 大匙），一边用铲子搅拌，一边小火煮至白砂糖溶解变成淡褐色。
② 将鲜奶油和牛奶混合，放入微波炉中，转30~40秒钟，使之变热。
③ 将②制成的混合物一点一点倒入①中的溶液，一边用铲子搅拌，这就完成了焦糖糖浆，关火放凉。

02 **制作焦糖香蕉**
在预热好的平底锅里倒入白砂糖（2大匙），搅拌至变成黄褐色，将切好的香蕉片、核桃和黄油倒入，快速搅拌后，关火。

03 **在碎冰上放装饰配料**
将冰块搅碎装碗，满满地淋上焦糖糖浆，最后放上香草冰淇淋和焦糖香蕉。

01-1
将白砂糖溶解

01-3
放入鲜奶油和牛奶

02
在平底锅中溶解白砂糖

03
在碎冰上放装饰配料

美味 POINT

制作糖浆的过程中，在变成淡褐色的白砂糖中倒入鲜奶油和牛奶的时候，白砂糖沸腾，会有油星溅起。一定要选用有深度且厚实的锅子来制作。并且尽量选用锅底较厚或者是金属铸造的锅子，这样才可以避免白砂糖在瞬间被烧焦。

黑巧克力刨冰

材料

冰块22个，炼乳2大匙，巧克力糖浆 $\frac{1}{2}$ 杯，香蕉1个，碎坚果（核桃，杏仁片等）2大匙，
巧克力冰淇淋 $1\frac{1}{2}$ 球，布朗尼、装饰用巧克力各若干

巧克力糖浆： 鲜奶油 $\frac{1}{2}$ 杯，牛奶 $\frac{1}{4}$ 杯，黑巧克力（已经压碎好的） $\frac{1}{2}$ 杯，糖稀2大匙

◆巧克力糖浆的制作量参考2碗刨冰所需量

01-1
煮熟鲜奶油和
牛奶

01-2
放入黑巧克
力，并使之
融化

01-3
放入糖稀混合

02
切香蕉和布
朗尼

03
在碎冰上淋
糖浆

制作

01 制作巧克力糖浆
① 将鲜奶油和牛奶倒入锅中，煮至即将沸腾时，关火。
② 在①制成的溶液中放入碎黑巧克力，并用铲子搅拌，直至碎黑巧克力融化。
③ 在②制成的溶液中倒入糖稀，并搅拌均匀，放凉后巧克力糖浆就完成了。

02 切香蕉、布朗尼
微斜着切开香蕉，布朗尼则切成一口大小。

03 在碎冰上放装饰配料
将冰块搅碎装碗，在这过程中一边淋上炼乳及巧克力糖浆，最后放上香蕉、坚果、巧克力冰淇淋、布朗尼及装饰用巧克力。

美味POINT

制作巧克力糖浆时，最后放入的糖稀起到让糖浆更有光泽的作用，并且最后完成的糖浆可以在冰箱中保存大约10天。虽然这样制成的巧克力糖浆比一般巧克力糖浆味道更浓厚一些，但是不会太甜，如果喜好偏甜口味的，可以在制作刨冰的时候，最后再淋上一些炼乳调味。

Chai刨冰

材料
冰块22个，Chai糖浆 $\frac{2}{3}$ 杯
Chai糖浆： 水2杯，5cm生姜2块，10cm长桂皮1根，胡椒、丁香各10颗，八角2个，红茶包6个，
淀粉1小匙，炼乳 $\frac{1}{2}$ 杯，肉桂粉 $\frac{1}{2}$ 小匙
◆Chai糖浆的制作量参考2碗刨冰所需量

制作

01 制作Chai糖浆

① 将生姜切薄片，桂皮用刷子刷干净。

② 在锅中放入水、生姜、桂皮、胡椒、丁香及八
角，大火煮。煮沸后，改中弱火，继续文火煮至香
气飘出，水的分量缩至原来的一半时，关火。

③ 在②的溶液中放入红茶包，泡至浓郁时，用筛子
过滤。

④ 放凉一段时间，然后放入淀粉，用发泡器发泡，
一边用铲子搅拌，一边用小火煮沸。

⑤ 待开始变浓稠时，放入炼乳及肉桂粉，搅拌均匀
后，关火放凉。

02 在碎冰上淋Chai糖浆
将冰块搅碎装碗，淋上Chai糖浆。

01-1
清洗生姜及
桂皮

01-2
将香辛料放入
锅中煮

01-3
放入红茶包
泡制

01-4
放入淀粉继
续煮

01-5
放入炼乳及肉
桂粉

◀ 美味 POINT

Chai是一种放入多种香辛料，煮至浓稠的
奶茶。在Chai糖浆中放入少许淀粉熬制，可
以增加黏稠度，即使淋在冰块上也不容易
融化。一定要等红茶泡好后才可以放入淀
粉，使淀粉溶解充分，这样就可以避免淀
粉结块。

提拉米苏刨冰

材料

浓缩咖啡冰块：浓缩咖啡、水各 $\frac{3}{4}$ 杯，白砂糖 $2\frac{1}{2}$ 大匙

炼乳1大匙，提拉米苏奶油4~5大匙，可可粉1小匙，长崎蛋糕适量

提拉米苏奶油：奶油乳酪7大匙（约125g），白砂糖3大匙，蛋黄 $\frac{1}{2}$ 个，鲜奶油 $\frac{1}{4}$ ~ $\frac{1}{3}$ 杯

◆提拉米苏奶油的制作量参考2碗刨冰所需量

制作

01
将浓缩咖啡倒
入冰格制冰

02-①
搅拌奶油乳酪

02-②
放入蛋黄搅拌

02-③
放入鲜奶油
搅拌

03
在碎冰上放上
装饰配料

01 制作浓缩咖啡冰块

将浓缩咖啡、水和白砂糖混合，搅拌均匀后，倒入冰格制冰。

02 制作提拉米苏奶油

① 将奶油乳酪放入微波炉中，转7~8秒时间，使奶油乳酪软化，然后用发泡器搅拌均匀。

② 在①中放入白砂糖，搅拌均匀后放入蛋黄，同样搅拌至均匀。

③ 待鲜奶油被烘烤至较硬时，放入②中，充分混合，就完成了提拉米苏奶油。装入带有星星模样的裱花嘴的裱花袋中，最后放入冰箱冷藏。

03 在碎冰上放提拉米苏奶油

将浓缩咖啡冰块搅碎，一边淋炼乳，一边将碎冰装碗，然后将提拉米苏奶油做花样，放在碎冰上。撒上一些可可粉，最后放上切好的长崎蛋糕。

▶ 美味 POINT

制作提拉米苏奶油的时候，如果不喜欢蛋黄的腥味，可以放一小匙朗姆酒或是浮洒，或是香甜咖啡酒这一类的餐后甜酒去除腥味。用筛子筛可可粉，可以使可可粉不结块，撒在碎冰上非常均匀。剩余的提拉米苏奶油可以放在浸泡过咖啡糖浆的长崎蛋糕或者是手指饼干上，放入冰箱冷藏一段时间后，撒上可可粉，可以作为提拉米苏蛋糕来食用。

橙子果酱刨冰

奥利奥刨冰

橙子果酱刨冰

材料
冰块22个，橙子果酱6大匙，原味酸奶2桶
橙子果酱：橙子3个，白砂糖2杯+3大匙
◆橙子果酱的制作量参考4~5碗刨冰所需量

制作

01-1
清洗橙子

01-2
煮橙子外果皮

01-3
将果皮切丝

01-5
煮果酱所需
材料

01 制作橙子果酱
　①用粗盐将橙子摩擦清洗干净，去除表皮，挖出果肉。将连接果皮和果肉的那层膜单独放一边。
　②将橙子果皮放入沸水中煮。
　③将②煮好的果皮挖去白色部分，剩余部分切丝。
　④在锅中放入①中准备好的膜，倒入少量水，煮一小段时间，然后用筛子过滤，留下过滤后的水备用。
　⑤在锅中放入④煮过的水以及①中准备好的果肉，③中切丝的果皮，放入白砂糖后，大火煮。水分蒸发至一定程度后，改小火，一边用铲子搅拌，一边用文火煮。溶液变得越来越透明，待有一些浓稠时，关火放凉。
02 在碎冰上放酸奶和果酱
　将冰块搅碎装碗，淋上原味酸奶和橙子-果酱。

美味POINT

煮连接果皮和果肉的膜的时候，其中的果胶成分会渗出，就可以制成有粘性的果酱了。制作果酱的时候，如果煮的时间太久，果酱的颜色会发生变化，且放凉后会变硬，所以煮至比一般果酱的浓度稀一些的时候，就可以关火了。可以滴几滴在冷水中，如若不散开，则表示果酱的浓度恰到好处。

奥利奥刨冰

材料

牛奶 1½杯，炼乳3大匙，奥利奥冰淇淋 1½球，装饰用奥利奥饼干3块
碎奥利奥饼干2块分量，杏仁薄片1大匙
奥利奥冰淇淋： 香草冰淇淋8大匙，奥利奥饼干3块
◆奥利奥冰淇淋的制作量参考2碗刨冰所需量

制作

01 **制作牛奶冰块**
将牛奶倒入冰格制冰。

02 **制作奥利奥冰淇淋**
① 将奥利奥饼干扭开，去掉中间的奶油。
② 将装有奥利奥饼干的塑料袋平铺在砧板上，一边用推棍推开，一边将饼干弄碎。
③ 在香草冰淇淋柔软的状态下，将冰淇淋融化，放入碎奥利奥饼干，搅拌均匀后，倒入较深的容器中，放入冷冻室中冷冻3~4小时。
④ 在冷冻过程中用勺子或叉子刮1~2次，搅拌均匀，待冻至较为柔软的状态时，即完成。

03 **在碎冰上放装饰配料**
将牛奶冰块搅碎，淋上炼乳，装碗，然后放上奥利奥冰淇淋，放上奥利奥饼干、碎奥利奥饼干以及杏仁薄片。

美味POINT

这一款刨冰有着奥利奥饼干的甜味，搭配上香草冰淇淋，深受小朋友的喜爱。将饼干弄碎的过程中，装在塑料袋里的饼干，用推棍推碎，就不必用到刀，也可以将饼干碾碎了。可以用巧克力碎片饼干或者是谷物零食来代替奥利奥饼干，也是非常不错的。

02 - 1
将奥利奥饼干的奶油部分去除

02 - 2
用推棍打碎

02 - 3
混合香草冰淇淋

02 - 4
用勺子或者叉子搅拌

03
在碎冰上放装饰配料

香草刨冰

椰子木薯粉刨冰

香草刨冰

材料

冰块22个，英式奶油酱1杯

英式奶油酱：香草豆1个，牛奶 $\frac{1}{2}$ 杯，鲜奶油 $\frac{1}{4}$ 杯，蛋黄2个，白砂糖 $3\frac{1}{2}$ 大匙，朗姆酒1小匙

◆ 英式奶油酱的制作量参考2碗刨冰所需量

01- 1
准备香草豆

01- 2
将牛奶和鲜奶油混合，加热

01- 3
将蛋黄、白砂糖和朗姆酒混合

01- 4
将奶油酱的所有材料混合

01- 4
用文火煮

制作

01 **制作英式奶油酱**

① 竖着掰开香草豆，用刀背将种子去除。

② 在锅中放入①中准备好的香草豆、牛奶、鲜奶油，加热。

③ 在碗中放入蛋黄、白砂糖和朗姆酒，用发泡器搅拌均匀。

④ 在③溶液中，一点一点倒入热的②溶液，一边用发泡器搅拌均匀，再次倒入锅中，开小火，一边用铲子搅拌，一边用文火煮。

⑤ 待溶液开始变得浓稠时，关火，用筛子筛一下，放凉。

02 **在碎冰上放奶油酱**

将冰块搅碎装碗，淋上英式奶油酱。

美味POINT

英式奶油酱是鸡蛋、牛奶和奶油做成的甜点酱，加入香草豆，香味更浓郁。在制作奶油酱的过程中，往蛋黄和白砂糖的溶液中倒入奶油等材料时，如果一下全部倒入，蛋黄则会迅速被煮熟，必须要一点一点少量倒下去，搅拌均匀。在锅中煮的时候，也是文火慢炖，这样奶油酱才不会一下子变硬或者是结块。如果没有香草豆，则可以放入少量香草精或是香草油。

椰子木薯粉刨冰

材料

椰子冰块：椰奶、水各 $\frac{3}{4}$ 杯
椰子薄片3大匙，木薯粉珍珠（冷冻）3大匙，炼乳 $4\frac{1}{2}$ 大匙，椰奶3大匙

制作

01 制作椰子冰块
  将椰奶与水混合，倒入冰格制冰。

02 准备装饰配料所需材料
  将椰子薄片放入平底锅中，无油热炒至微黄色，木薯粉珍珠放入沸水中煮2~3分钟，用筛子捞出，放入冷水中洗净放凉。炼乳和椰奶混合备用。

03 在碎冰上放装饰配料
  一边搅碎椰子冰块，一边淋上炼乳和椰奶的混合物，装碗，最后放上椰子薄片和木薯粉珍珠。

美味POINT

香脆可口的椰子薄片和Q弹的木薯粉珍珠
搭配的可口刨冰。如果一次性煮了很多
木薯粉珍珠，过一阵子Q弹的口感会差很
多，所以一次只要准备一碗刨冰所需分量
即可。可以在椰子薄片中加入杏仁薄片，
口感也非常不错。

01
制作椰子冰块

02
炒制椰子薄片

02
煮木薯粉珍珠，并捞出

02
将炼乳与椰奶混合

03
在碎冰上放装饰配料

内容提要

盛夏时节，再没有比吃上一碗美味消暑甜品更惬意的事了。本书介绍55款让人回味无穷的纯天然消暑冰品，应季蔬果、美味果干、天然坚果随心配，取材容易，做法简单，在家也能轻松做出媲美人气冰品店的甜蜜沁凉好滋味！

北京市版权局著作权合同登记号：图字01-2013-8215号

빙수다

Copyright © 2013 by Kim Bosun

All rights reserved.

Originally published in Korea by KPI Publishing Group

Simplified Chinese copyright © 2014 by China WaterPower Press

This Simplified Chinese edition was published by arrangement with KPI

Publishing Group through Agency Liang

图书在版编目（CIP）数据

甜蜜诱惑：纯天然美味冰品DIY／（韩）金甫宣著；
朱佳青译. -- 北京：中国水利水电出版社，2014.7
ISBN 978-7-5170-1978-7

Ⅰ．①甜… Ⅱ．①金… ②朱… Ⅲ．①冷冻食品－制
作 Ⅳ．①TS277

中国版本图书馆CIP数据核字（2014）第093357号

策划编辑：余椹婷　责任编辑：余椹婷　加工编辑：郝兰兰　封面设计：杨　慧

书　　　名	甜蜜诱惑：纯天然美味冰品DIY
作　　　者	【韩】金甫宣　著　朱佳青　译
出版发行	中国水利水电出版社
	（北京市海淀区玉渊潭南路 1 号 D 座　100038）
	网　址：www.waterpub.com.cn
	E-mail：mchannel@263.net（万水）
	sales@waterpub.com.cn
	电　话：(010) 68367658（发行部）、82562819（万水）
经　　　售	北京科水图书销售中心（零售）
	电话：（010）88383994、63202643、68545874
	全国各地新华书店和相关出版物销售网点
排　　　版	北京万水电子信息有限公司
印　　　刷	北京联城乐印刷制版技术有限公司
规　　　格	175mm×220mm 16开本 8.5印张 81千字
版　　　次	2014 年 7 月第 1 版　2014 年 7 月第 1 次印刷
印　　　数	0001—5000册
定　　　价	36.00元